Collège Expérimental d'Aviculture

de Château-Thierry

Château de Blesmes

Cours Complet

par correspondance

Seizième Leçon

Collège Expérimental d'Aviculture de Château-Thierry

Château de Blesmes

Cours Complet

par correspondance

Seizième Leçon

pondeuse, dès la naissance, un autre facteur, héritable et transmissible dans une certaine mesure et que nous appelons facteur génétique.

Nous avons appris aussi comment nous devons porter la pondeuse au plus haut degré de ponte en lui donnant les conditions de milieu et de soins favorables. Nous allons étudier maintenant dans le processus suivi par la transmission de l'aptitude à la ponte, quel est le pouvoir particulier à chacun des géniteurs et enfin comment nous devons nous y prendre pour provoquer, favoriser et fixer la transmission des caractères de grande ponte sans que les individus en soient amoindris.

LES LOIS DE L'HEREDITE

Lorsqu'un individu naît, il porte en soi la trace profonde, l'empreinte physique comme morale de ses ascendants. Cette empreinte lui est non seulement fournie par ses parents, mais aussi par ses aïeux de 3, 4, 5 générations antérieures à la sienne. Souvent l'empreinte des parents immédiats est faible, voire même nulle : c'est celle de l'un des ancêtres qui domine. Dans d'autres cas, tel aïeul n'a laissé aucune trace apparente dans la personnalité physique et morale de son ascendant. Il semble, à première vue, que le plus beau désordre préside à la transmission des qualités physiques et morales (et nous emploierons dans cette leçon le mot qualité dans son sens général : qualités au sens particulier du mot aussi bien que défauts). Telle famille est composée d'intelligences ou de gens de bien, sauf l'un des membres qui est resté fermé d'esprit ou privé du sens moral. D'où cela vient-il ? Pourquoi tels parents intelligents tous deux, n'ont-ils pas d'enfants pareils à eux et pourquoi tels autres ont-ils parmi leurs enfants un avorton ou un idiot ? C'est que l'hérédité ne suit pas des lois infaillibles ; que les « revenants », les qualités ancestrales, les défauts que l'on croyait à jamais enfouis dans la nuit des temps, peuvent toujours réapparaître et semblent ainsi contredire et contrecarrer l'effet de la sélection.

Cependant des lois existent. Non pas des lois mathématiques, mais des lois suffisamment justes pour que nous puissions les appliquer. Apportons quelques précisions.

Les caractéristiques d'un individu sont, au point de vue héritable, de différentes catégories : D'après Mendel, tels caractères sont dominants, tels autres récessifs, tels autres latents. Dans les dominants il faut distinguer les dominants imparfaits.

On appelle facteurs dominants ceux qui sont transmis à la descendance par l'alliance de deux géniteurs.

On appelle facteurs dominants irréguliers ceux qui sont irrégulièrement transmis à la descendance immédiate : tels sujets donnant des produits dissemblables.

Les dominants imparfaits sont ceux qui ne se font sentir d'une manière continue que sur une partie de leur descendance immédiate ou qui sont tantôt dominants, tantôt latents. Les latents sont les facteurs qui peuvent ne pas avoir d'influence sur telle génération et, tout d'un coup, produire sur une génération ultérieure les effets des complets, irréguliers, imparfaits ou des récessifs.

Enfin le facteur récessif est un facteur qui annihile totalement ou partiellement l'effet du dominant, soit sur la génération immédiate, soit sur la souche des générations suivantes.

L'étude du problème revient donc à ceci :

1°) Ecartement des facteurs mauvais, qu'ils soient dominants, récessifs ou latents. S'ils sont dominants il importe de ne pas faire reproduire les sujets qui les possèdent.

2°) Conservation du facteur dominant complet bon, amplification de ce caractère.

3°) Transformation des facteurs dominants irréguliers, imparfaits en facteurs dominants complets.

4°) Transformation du facteur latent en dominant.

A la base, cela suppose la connaissance exacte des qualités et des défauts de nos reproducteurs, l'étude attentive de leurs imperfections. Cela suppose également la connaissance exacte de leur valeur, des qualités possédées par chaque sujet et la classification de ces qualités.

5°) L'étude des influences particulières à chaque géniteur.

CONNAISSANCE DE LA VALEUR RESPECTIVE DES CARACTERES DE CHAQUE SUJET

Les caractères d'une bonne pondeuse, avons-nous dit, sont la précocité, l'abondance, la persistance. Ajoutons-y la taille des œufs.

Chacune de ces qualités est sous l'influence énorme de l'environnement (élevage, nourriture, logement, soins, etc.) qui peut lui apporter une très grande modification.

L'environnement favorable est indispensable à leur développement.

Ces qualités sont-elles des dominants complets ? Non. Elles ne sont pas transmissibles avec une régularité absolue. Chez la descendance il y a des fluctuations : certains sujets peuvent être égaux ou supérieurs aux parents, certains autres inférieurs, certains égaux à l'un des géniteurs, d'autres égaux à l'autre, d'autres inférieurs à tous deux.

La précocité est une qualité qui est intimement liée à la faculté de pondre en hiver, sinon elle est uniquement sous l'influence de l'environnement (saison).

L'abondance (longueur des cycles et rapidité du rythme) est plus que la ponte d'hiver une affaire d'environnement. Exemple : la poule commune n'ayant pas de sélection, bien nourrie, donne en bonne saison, pendant un temps très court, il est vrai, autant d'œufs que la grande pondeuse.

La persistance est aussi sous la dépendance de l'environnement (nourriture, logements, soins et vigueur). Mais elle est aussi sous l'influence de la sélection. Nous avons, en effet, il y a plusieurs années, possédé un troupeau de Leghorns blanches d'une vigueur extraordinaire qui, pour la ponte d'hiver, auraient rendu des points aux meilleures Wyandottes et qui, malgré nos soins spéciaux, muaient trop tôt. La persistance n'est donc pas un caractère étroitement enchaîné à la précocité (ponte hivernale). Ce n'est pas, comme ce second caractère, un dominant : il est sous la dépendance étroite d'une sélection continuelle. Mais les pondeuses persistantes se rencontrant surtout chez les précoces, nous en faisons un dominant latent. La domesticité a fait un facteur latent. Car il faut le rappeler, les qualités de ponte sont toutes acquises par la domesticité et aucune n'est un dominant complet.

La principale qualité à exiger d'une grande pondeuse est donc la précocité et la continuité de ponte hivernale. Certains auteurs ont fait reposer toute leur sélection sur cette base : tel Oscart Smart, l'auteur de « *The Inheritance of fecondity in fowls* ». Ce livre est à étudier d'extrêmement près. Il est sur le sujet qui nous occupe ici, avec celui d'Atkinson, « *The production of* 300 *eggers and better by line-breeding* », le meilleur ouvrage paru à ce jour. Nos élèves élèves en trouveront la quintescence dans cette leçon.

Résumons la théorie d'Oscart Smart, puis nous la discuterons.

CLASSIFICATION D'APRES OSCART SMART

Oscart Smart classe les pondeuses (coqs et poules, puisqu'il s'agit des lois de l'hérédité) en 3 catégories :

1° *Catégorie L 2.* — Records d'hiver de 31 à 80 œufs entraînant des records annuels de 140 à plus, de 280 œufs ; quatre subdivisions sont faites dans cette catégorie :

PONTE ANNUELLE

a) coqs et poules, ponte hivernale 31-39 œufs   140-199 œufs.
b)   »   »   »   »   40-49   »   200-229 œufs.
c)   »   »   ·»   »   50-80   »   230-280 œufs.
d)   »   »   »   » plus de 80 » plus de 280 œufs.

2ᵉ *Catégorie L 1.* — Records d'hiver de 1 à 30 œufs entraînant des records annuels de 50 à 210 œufs :   »

Egalement quatre subdivisions dans cette catégorie :

a) coqs et poules, ponte hivernale 1-9 œufs, ponte annuelle
50-80 œufs.
b)   »   »   »   »   10-14   »   60-110 œufs.
c)   »   »   »   »   15-24   »   100-150 œufs.
d)   »   »   »   »   25-30   »   130-210 œufs.

1° *Catégorie L O.* — Records d'hiver : zéro. Records annuels moins de 30 à 80 œufs.

Egalement quatre subdivisions dans cette catégorie :

a) coqs et poules, ponte hivernale 0 œuf, ponte annuelle moins
de 30 œufs.
b)   »   »   0   »   »   30-30 œufs.
c)   »   »   0   »   »   40-59 œufs.
d)   »   »   0   »   »   60-80 œufs.

Ainsi dans chaque groupe apparaît un certain nombre de subdivisions : *a) b) c) d)*. Ce sont des fluctuations.

La catégorie est héritable (ce qui ne veut pas dire qu'elle est héritée). La fluctuation n'est pas héritable, mais elle peut le devenir par la sélection.

La fluctuation peut dépasser les chiffres indiqués : ainsi si nous donnons une poule 0 à un coq 0, dans la progéniture il se trouve une poulette catégorie 2. Cette poulette, si elle est à son tour bien appareillée, peut donner de bons produits, mais pas forcément : il y aura sans doute « réversion vers le type primitif », précisément parce qu'il ne s'agit que d'une fluctuation, d'un accident, d'une variation dimorphique.

Cependant une suite d'appareillage (mariages) convenables, sur plusieurs générations, peuvent fixer la nouveau venue dans la catégorie 2. Cependant ce sera difficile. Le saut a été trop brusque, trop étendu, le nouveau groupement des cellules est trop jeune pour que la réversion au type primitif soit inévitable.

APPORTS RESPECTIFS DE LA FEMELLE ET DU MALE

SELECTION DE LA FEMELLE

Seul le nid-trappe nous donne l'indication exacte de la valeur de la poule. Nous avons vu au cours de cet ouvrage qu'il est parfaitement inutile de trappnester toutes les poulettes.

Voici, pour les autres, les recommandations formulées à leur sujet :

1° Les poulettes doivent être mises dans les poulaillers de ponte avant la ponte du 1er œuf et elles ne doivent pas être changées de poulailler tant que dure le contrôle ;

2° Chaque poulette doit porter une bague portant un numéro individuel ;

3° Il doit y avoir un nid-trappe pour 2 à 3 poulettes ;

4° Le nid doit être obscur quand il est fermé et la poule ne doit pas pouvoir s'énerver en attendant la relève. Il doit se fermer sans bruit, du moins sans bruit trop fort. Le son de la trappe doit être simple et comme étoffé. Ce son ne doit être ni double ni triple ;

5° Les volailles ne doivent pas être tenues trop intensivement afin que le caractère inné ne soit pas influencé par le caractère acquis, certains animaux réagissant plus que d'autres de même valeur sous l'influence de l'environnement et faussant ainsi le calcul ;

6° Les animaux à comparer entre eux doivent autant que possible habiter un même poulailler afin que les conditions soient égales pour toutes. Ils devraient provenir de la même salle d'élevage si possible ;

7° Compter le nombre de jaunes au crédit de chaque pondeuse (œufs à 2 jaunes) ;

8° Les nids-trappes doivent être relevés très souvent (chaque heure le matin, 3 fois l'après-midi).

9° Considérer que la période d'hiver s'étend du 15 octobre au 15 janvier ou du 1er novembre au 1er février.

SELECTION DES MALES

Le Docteur Raymond Pearl a été un peu loin en affirmant que le mâle reçoit les qualités de sa mère et les transmet à sa descendance.

En fait et après vérification, il est considéré que :

Poules catégorie L2 donnent des mâles L2 et LI ;

Poules catégorie LI donnent des mâles LI et LO ;

Poules catégorie LO donnent des mâles LO seulement.

Ajoutons qu'il peut se produire des cas de variations dimorphiques (poules L O ou L I donnant respectivement des mâles L I et L 2, ceux-ci sont des accidents non héritables) ou des reversions vers le type primitif (poules L 2 donnant des mâles 0).

Il importe de n'employer pour le troupeau des reproducteurs que des mâles catégorie L 2. Mais comment saurons-nous si un mâle fils de poule 2 est lui-même 2 ou 1 ?

Pour cela mettez vos mâles « à essayer » dans des appareilloirs de 2 poulettes filles de Catégorie L 2 (poules L 2 et coqs L 2 ou présumés L 2). Ayez ainsi autant d'appareilloirs (poulaillers de 2 $\times$ 1 m) que vous devez essayer de mâles. Trappnestez les poulettes issues de ces mariages pendant le 1er hiver et comparez le rendement en appareilloir hivernal des poulettes issues de chacun avec celui des parents : vous vous rendrez ainsi compte de la valeur respective de chaque coq essayé, ceux rentrant dans la catégorie L 2 n'ayant pas diminué la valeur de la lignée, ceux de la catégorie L I l'ayant diminué.

Les coqs 2, les seuls à employer, le sont le printemps suivant dans les poulaillers de reproducteurs de 8 à 12 poules ou poulettes. Ils sont souvent meilleurs que l'année précédente. Vous obtiendrez ainsi non la *quantité* mais la *qualité* : C'est la qualité qu'il vous faut plutôt que la quantité.

L'essai des mâles est d'autant plus indispensable que les lignées sont plus perfectionnées.

TRANSMISSION DE LA FECONDITE

EN VUE DE LA PRODUCTION DE LIGNÉES DE GRANDES PONDEUSES

Dans les lignées qui vont suivre, nous supposons :

1° Que les coqs n'ont pas été « essayés », qu'ils n'appartiennent aux différentes catégories que par leur origine et non leurs qualités personnelles, c'est-à-dire qu'ils sont exactement dans les conditions sous-entendues par R. Pearl lorsqu'il a énoncé cette loi fausse : Le coq hérite des qualités de sa mère et les transmet à ses filles ;

2° La fécondité des poules est influencée également pour chacune d'elle par l'environnement ;

3° Il peut se produire des variations dimorphiques et des reversions vers le type primitif, ces irrégularités peuvent être contrôlées par l'aviculteur.

Premier Cas

POULE L 2 ET COQ L 2

Le coq est fils d'une poule ayant donné plus de 80 œufs dans les 3 mois d'hiver.

Ses filles sont L 2 c'est-à-dire donneront de 31 à plus de 80 œufs dans les 3 mois d'hiver.

Ses fils sont : les uns (moitié) L 2, les autres (moitié) d'essayer » les mâles.

POULE L 2 ET COQ L I

Cet accouplement est excessivement fréquent, car le nombre des aviculteurs qui essayent leurs mâles est très restreint. Est-il possible d'en obtenir quelque chose de bon ? Voyons ce qui se produit :

Malgré la valeur de la mère, les femelles sont toutes L 1, c'est-à-dire de très peu de valeur. Les fils sont : moitié L 2, moitié L I. Ils ne ressemblent donc que pour la moitié d'entre eux à leur mère. Telle poule ayant par conséquent pondu 300 œufs accouplée avec tel mâle fils de pondeuse de 300 œufs peut donc donner uniquement des filles de 1 à 25 œufs d'hiver de 50 à 210 œufs annuellement si le coq, malgré son origine, n'est pas catégorie L 2.

Troisième Cas

POULES L 2 ET MALE L O

Le zéro est un facteur dominant parce qu'il est près de l'origine, de la source. *Fils et filles sont* 0.

Ainsi une poule ayant pondu 300 œufs dans sa 1re année peut donner des filles n'ayant aucune valeur, dont aucune, sauf variation dimorphique, ne pondra plus de 80 œufs dans son année ! !

Quatrième cas

POULES L I et MALE L I

Les filles L I, les fils L I et L O.

Cinquième Cas

POULES L I ET MALE L 2

Les filles sont L 2 et L I, les fils L I et L O. On voit donc ici à quoi l'on s'expose à faire reproduire *la mère avec son fils*. Ce fils peut être L O et en vertu du 4ᵉ cas, la deuxième génération donnera uniquement L O. Il ne faut donc pas s'étonner que les personnes qui achètent de temps en temps un animal de valeur n'obtiennent pas de résultats escomptés. La sélection doit être faite par des gens de métier et nous crions encore casse-cou à ceux qui veulent créer des familles de pondeuses sans en avoir la force.

Ce 5ᵉ cas nous montre l'influence du mâle *sur ses filles,* non sur ses fils.

Sixième Cas

POULES L I ET MALE L O

Tous les descendants, mâles et femelles sont L O.

Septième Cas

POULES L O ET MALE L O

Tous les descendants, mâles et femelles sont L O.

Huitième Cas

POULES LO ET MALE L P

La descendance est L O.

Neuvième Cas

POULES L O ET MALE L O

La descendance est L 0.

Examen de la Théorie de Smart

Smart a étayé sa théorie sur l'expérimentation. Nous admettons avec lui l'instabilité des accidents dimorphiques ainsi que la force et la fréquence des réversions vers Galles Bantiva, type primitif et dominant. Ceci découle des lois de Mendel.

Mais à côté de Mendel, Lamarck a formulé une autre théorie, non contradictoire, mais dissemblable. Lamarck donne plus de force que Mendel aux caractères récessifs : Il croit à la *fixation rapide des accidents.*

En réalité, il ne peut être prouvé que les « accidents », en l'occurence les variations dimorphiques, deviennent en hérédité des dominants. Ils sont cause de variations dimorphiques plus étendues, plus fréquentes, qui se reproduisent selon les lois de Mendel (le facteur dominant a prédominance sur les autres) et au bout d'un grand nombre de générations constituent un latent dominant, puis un dominant. Mais cela, au prix d'une sélection rigoureuse et d'une continuité constante dans le choix des reproducteurs. Ainsi pourrait-on arriver à faire naître des rats ayant la queue greffée sur le nez. Mais avec nous, vous conviendrez de l'instabilité de l'hérédité de ce facteur, de la fréquence de réversion vers le type primitif.

Cependant « et c'est la seule erreur de Smart », la première poule ayant pondu un œuf en hiver a donné une variation dimorphique et c'est cette variation dimorphique qui a pu permettre de créer les lignées de grandes pondeuses.

Smart, pas plus que Mendel, ne font grand état de l'hérédité de la fécondité acquise, c'est-à-dire de celle donnée par l'environnement. En cela ils ont tort : cette fécondité est héritable non pas à la première génération, mais lorsque plusieurs générations successives étroitement consanguines ont reçu les mêmes soins.

Certes la réversion au type primitif est tout près de nous. Il faut la craindre sans cesse et faire l'impossible pour l'éviter. Mais nous devons croire en la fragilité des discours humains. Nous pouvons croire qu'une longue sélection peut *changer* un type au point de modifier considérablement la hauteur de sa dominance.

La théorie de Smart est vraie pour tel troupeau, dans un temps limité et déterminé. Celle de Lamarck est vraie dans le temps et dans l'espace. La seconde nous donne la conception, la première nous donne le moyen.

Rejetons donc la théorie de Pearl non parce qu'elle n'est jamais vraie, car nous voyons qu'elle peut l'être parfois lorsque les géniteurs sont bien choisis, mais parce qu'elle ne repose sur aucune théorie philosophique.

L'INSONDABLE

The « unknown factor »

Il faut bien se garder de croire que la pratique suit en tout point la théorie. Les théories peuvent être vraies dans leurs lignes générales. Ces lignes générales sont dans le temps et dans l'espace. Elles concernent la majorité des individus et des choses.

Sur la terre, nous trouvons à la fois leur application et leurs contradictions, du moins leurs contradictions apparentes.

Ainsi tel coq mis avec telle poule donne cette année de bons produits et l'an prochain de mauvais.

Ainsi tel accouplement donne cette année des pondeuses de gros œufs et l'année suivante des pondeuses de petits œufs.

Pourquoi ? ?

C'est l'insondable. C'est heureusement l'exception.

COMMENT DIMINUER LES ACCIDENTS DIMORPHIQUES ET LES REVERSIONS VERS LE TYPE
LA CONSANGUINITE

Nous vous avons dit tout à l'heure qu'on pouvait fixer chez le rat le caractère suivant : la croissance de la queue sur le nez. Mais la puissance du type primitif est tellement puissante (c'est un facteur dominant) que jamais on ne pourrait fixer ce type si on n'accouplait ensemble non seulement des sujets ayant la queue greffée sur le nez, non seulement des sujets ayant une apparence de fixation de ce caractère mais encore si l'on n'accouplait ensemble des sujets ayant une parcelle assez forte de sang commun.

La déformation des cellules est beaucoup plus rapidement héritable lorsque les conjoints ont en tous points « les mêmes commandements » pourrions-nous dire, c'est-à-dire sont de la même famille, ont du sang commun.

Accoupler ensemble deux sujets ayant les mêmes parents, ou les mêmes ascendants, ont un ascendant commun, c'est faire de la consanguinité. La consanguinité peut être étroite, lorsque la parcelle de sang commun est grande ; elle peut être éloignée lorsque cette parcelle est petite.

DEMI-SANG

Si nous accouplons la femelle A avec le mâle B, les sujets issus sont demi-sang A et demi-sang B. Appelons-les AB. Si nous accouplons un mâle AB avec la mère A, nous avons 3/4 de sang A et un quart B. Inversement, si nous accouplons une femelle AB avec le mâle B, son père, nous avons 3/4 de sang B et un quart de sang A. Ce raisonnement peut évidemment être continué à l'infini. Un coup d'œil jeté sur une table d'élevage montre la proportion de sang des parents ou aïeux qui se trouvent dans chaque sujet.

C'est par consanguinité qu'ont été véritablement fabriqués le cheval de pur sang, le bœuf Durham, le mouton Dishley.

La consanguinité multiplie les qualités des deux géniteurs, lorsque ces qualités se trouvent dans l'un et l'autre. Mais elle multiplie aussi leurs défauts, lorsque ces défauts sont communs. Si l'un seulement des géniteurs a tel défaut, on peut arriver à le supprimer en évitant de se servir comme reproducteurs des sujets qui en sont atteints.

Mais la consanguinité a un effet préjudiciable : elle affaiblit peu à peu les sujets. On ne marie pas impunément des parents. Aussi, pour user de la consanguinité, et il faut en user, doit-on veiller à ne faire reproduire que des sujets vigoureux.

Il est impossible, sans consanguinité, d'obtenir des géniteurs doués d'une faculté très développée de la faculté de pondre en hiver, et de donner un très grand nombre d'œufs. Mais cette consanguinité doit être réglée et avant tout, on devra veiller en suivant les conseils que ce cours contient, à ne jamais faire reproduire un sujet faible, un sujet qui a été malade ou qui peut ne pas présenter les qualités de vigueur que l'on doit exiger.

Donc, à la base, santé et vigueur.

PROCEDES D'ACCOUPLEMENT

Lorsque nous avons une poule qui a produit un haut record nous ne craignons pas de l'accoupler avec son fils le plus vigoureux si elle-même est très vigoureuse, afin de transmettre les qualités de cette poule à sa descendance. Agir ainsi, c'est faire du line breeding ou croisement en dedans de la lignée.

Si nous répétons encore cette opération (mère avec petit-fils, père avec petite-fille), nous faisons encore du line breeding. Les produits qui en sont issus ont 7/8 du sang le plus employé. Il est pratiquement pur.

Si donc vous avez un reproducteur de choix que vous craignez de perdre, que vous voulez multiplier pour diffuser ensuite son sang dans votre élevage ou une partie de votre élevage, faites ce line-breeding en choisissant toujours dans chaque géniteur les sujets les plus vigoureux, ceux qui se sont emplumés le plus vite, qui sont les plus actifs et les plus forts.

Le line breeding est un procédé très employé destiné à donner à un grand nombre d'individus le sang presque entier du géniteur primitif.

Accoupler ensemble frères et sœurs, c'est pratiquer l'in-breeding pour la seconde, etc... Ce procédé n'est jamais recommandé car la consanguinité est trop étroite. N'en user que très rarement.

En nous servant du line-breeding, nous avons eu un très grand nombre d'individus ayant le sang du géniteur choisi. Le sang amène presque toujours les qualités et les défauts. Le nid-trappe nous permet de rejeter les femelles qui ne sont pas dignes d'être accouplées avec leur père ou leur grand-père. Si c'est la femelle qui est choisie comme tête de ligne, l'essai des coquelets permet de rejeter tels sujets qui ne répondent pas aux espérances.

Pour essayer ces coquelets on les met en reproduction avec 2 ou 3 poules dont on connaît les performances de la première année, et dont la longueur de la lignée permet de croire qu'elles sont excellentes. La descendance obtenue est trappnestée et examinée au point de vue vigueur, santé, grosseur d'œufs, etc... Si elle est bonne, c'est que le coq est bon ; il peut donc entrer en fonction dans le line-breeding.

Ce procédé a des avantages immenses et donne à l'aviculteur une certitude, une sûreté considérables. Il a le grand inconvénient d'être très long.

Disons qu'un excellent reproducteur ou une excellente reproductrice peuvent être conservés 5 à 6 ans.

Mais le line-breeding ne peut pas être un procédé continuel d'accouplement : quoiqu'il ait à la base un couple non consanguin, on doit au plus tôt, aussitôt que la diffusion du sang préféré est faite, faire appel à du sang étranger. L'introduction du sang étranger s'appelle Cross-Breeding.

L'introduction du sang étranger s'appelle Cross-Breeding. Il donne de la vigueur quand on le pratique. Il a pour but aussi d'apporter des qualités autres que celles de la lignée primitivement envisagée ou d'augmenter les qualités déjà possédées. Mais retenons que l'apport du sang étranger est une chose très hasardeuse quant aux résultats qu'il procure.

L'écueil est le suivant : des retours d'atavismes et des accidents dimorphiques sont toujours à redouter, lorsqu'on infuse du sang étranger. Une lignée donnant en consanguinité étroite ou close breeding (line et in-breeding) des pontes établies entre 170 et 240 par exemple, verront cette moyenne baisser le plus souvent si on y apporte du sang étranger de valeur égale. Pourquoi ? C'est un mystère. On dit que « les affinités » du sang ne jouent pas. Dans certains cas la régression sera forte, dans d'autres elle sera faible ou nulle.

Mais avant tout, on doit l'éviter. Comment faire pour cela ?

La règle à suivre est la suivante ; elle se divise en deux parties :

1° N'apporter de sang étranger que lorsque ce sang est parfaitement connu depuis plusieurs générations. Ce sang doit donc être entre les mains de l'éleveur depuis plusieurs années ;

2° N'infuser que du sang étranger ayant une parcelle de sang commun avec la lignée à améliorer : 1/4, 1/6, 1/8, par exemple. Nous créons ainsi des affinités, nous avons préparé notre terrain de culture. Cela impliqué, comme précédemment, le travail de ce sang à apporter chez l'aviculteur.

La base du système est la connaissance complète de tous les sangs possédés par l'aviculteur, un grand nombre de parquets de reproducteurs pour chaque race travaillée (ne travaillez donc qu'une race !), la connaissance exacte des procédés des résultats de chaque accouplement, c'est-à-dire le contrôle rigoureux et incessant.

Ainsi chaque aviculteur arrivé à se créer un sang, fait du mélange de quantités plus ou moins grandes suivant ses parquets, d'un certain nombre de sujets d'origines différentes non consanguines. Quatre ou cinq origines différentes sont nécessaires pour constituer un sang personnel. Cela implique un grand nombre de parquets.

DEBUTS

Nous allons étudier comment débuter pour constituer un établissement de sélection. Nous étudierons successivement les débuts partants de :

a) Œufs à couver ou poussins sélectionnés de deux origines différentes et propres femelles sans sélection sûre ;

b) Mâle sélectionné de grande origine et propres femelles sans sélection sûre, non consanguine avec lui ;

c) Mâle sélectionné de grande origine, œufs à couver ou poussins sélectionnés et propres femelles sans sélection sûre ;

d) Deux parquets sélectionnés non consanguins entre eux et formés chacun d'eux de mâle et femelles non consanguines ;

e) Parquet sélectionné et propres femelles sans sélection sûre.

Premier Cas

Débuts avec œufs à couver ou poussins sélectionnés de deux origines A et B et propres femelles sans sélection sûre. Achat des œufs ou poussins : 1924.

    1925 : 1° Coquelet A avec poulettes B. 1er parquet ;
          2° Poulettes A avec coquelets B. 2e parquet ;
          3° Coquelets A avec propres poules. 3e parquet ;
          4° Coquelets B avec propres poules. 4e parquet.

1926 : Les coquelets issus des 3e et 4e parquets sont vendus pour la consommation car ils proviennent de femelles non sélectionnées. On écarte *toujours* tous les coquelets issus de parents dont on ne possède pas sûrement les meilleures origines.

Deuxième Cas

Mâle sélectionné A et propres femelles sans sélection certaine B. A déconseiller si on n'est pas *sûr* du mâle.

    1925 : 1° Mâle A et femelles B = demi-sang B.
    1926 : 2° Poulettes 1/2 sang B avec père A = 3/4 de sang.

Troisième Cas

Mâle sélectionné A, œufs ou poussins sélectionnés B, propres femelles sans sélection sûre C.

    1925 : Mâle A avec femelle C, coquelets vendus.
    1926 : 1° Mâle A avec ses filles de 1925 ;
          2° Mâle A avec ses propres femelles C ; coquelets vendus ;
          3° Mâle A avec poulettes B ;
          4° Mâle B avec filles 1924 de mâle A ;
          5° Mâle B avec propres femelles C (coquelets vendus).

Nous avons ainsi en 5 parquets, obtenu :

          6° 3/4 sang mâle ,1/4 sang propres femelles ;
          7° 1/2 sang mâle, 1/2 sang propres femelles ;
          8° 1/2 sang mâle, 1/2 sang œufs ou poussins B ;
          9° 1/2 sang B, 1/4 C, 1/4 A ;
         10° 1/2 sang B, 1/2 sang C.

Trappnestage des poulettes, examen comparatif des 5 branches de la lignée, continuation des croisements en évitant la consanguinité trop proche, en l'élargissant encore si possible.

Quatrième Cas

Deux parquets non consanguins ni inter-consanguins. Tous sélectionnés.

1925 : Mâle N° 1 femelles N° 2 (1ᵉʳ parquet) ;
       Mâle N° 3 femelles N° 4 (2ᵉ parquet).

        Résultat :

1 + 2 = mâles et femelles N° 5.
3 + 4 = mâles et femelles N° 6.

1926 : Mâle N° 1 + femelles N° 5 = mâles et femelles N° 7 ;
       Mâle N° 5 + femelles N° 2 = mâles et femelles N° 8 ;
       Mâle N° 3 + femelles N° 6 = mâles et femelles N° 11 ;
       Mâle N° 6 + femelles N° 4 = mâles et femelles N° 12.
       Mâle N° 6 + femelles N° 5 = mâles et femelles N° 9 ;
       Mâle N° 5 + femelles N° 6 = mâles et femelles N° 10.

Les N° 7 sont : 3/4 N° 1, 1/4 N° 2 ;
   N° 8 sont : 3/4 N° 2, 1/4 N° 1 ;
   N° 9 (un quart de sang des 4 géniteurs primitifs) ;
   N° 10   id.   id.
   N° 11 sont : 3/4 N° 3, 1/4 N° 4 ;
   N° 12 sont : 3/4 N° 4, 1/4 N° 3.

1927 : Mâle N° 7 et femelles N° 15 = mâles et femelles N° 13 ;
       Mâle N° 5 et femelles N° 8 = mâles et femelles N° 14 ;
       Mâle N° 7 et femelles N° 8 = mâles et femelles N° 15 ;
       Mâle N° 8 et femelles N° 9 = mâles et femelles N° 16 ;
       Mâle N° 9 et femelles N° 10 = mâles et femelles N° 17 ;
       Mâle N° 10 et femelles N° 11 = mâles et femelles N° 18 ;
       Mâle N° 11 et femelles N° 12 = mâles et femelles N° 19 ;
       Mâle N° 12 et femelles N° 6 = mâles et femelles N° 20.

EXAMEN DES SANGS PRODUITS

N° 13 : 62,5 de N° 1 ; 37,5 de N° 2 ;

N° 14 : 37,5 de N° 1 ; 62,5 de N° 2 ;

N° 15 : 1/2 de N° 1 ; 1/2 de N° 2 ;

N° 16 : 25 de N° 12; 50 de N° 2 ; 12,5 de N° 5 ; 12,5 de N° 4 ;

N° 17 : est un inn-breeding. Il est comme les parents, soit 1/4 de 1, 1/4 de 2, 1/4 de 3, 1/4 de 4 ;

N° 18 : 12,5 de N° 1 ; 12,5 de N° 2 ; 50 de N° 3 ; 25 de N° 4 ;

Nº 19 : 1/2 de Nº 3 ; 1/2 de Nº 4 ;

Nº 20 : 37,5 de Nº 3 ; 62,5 de Nº 4.

Les produits de vos huit parquets contiennent donc les sangs de vos 4 rangs primitifs à des doses diverses. Le trappnestage qui vous a servi pour vous former vos huit branches de lignée en n'y consacrant que des sujets d'élite, vous montre ici quelles sont les meilleures branches de lignées ; c'est-à-dire quelles sont les proportions de tel ou de tel sang qui jouent le mieux : quelles sont enfin les affinités qui parlent le plus. Vous vous en souviendrez au prochain concours de ponte.

Vous continuerez votre sélection en introduisant un sang nouveau dans votre élevage... Le reste vous concerne, nous ne pouvons nous étendre indéfiniment sur ce sujet.

Mais il est bien entendu que les deux parquets qui ont formé votre base de départ sont composés d'individus rigoureusement sélectionnés, que vous les aurez sélectionnés vous-mêmes si possible, que vous en connaissez les qualités et les défauts, qu'ils sont d'une très grande vigueur, choisis *à tous* moments de leur existence, que les coqs ont été, si possible « essayés ».

Parquet sélectionné 1 et 2 et propres femelles 3 dont la sélection n'est pas sûre. Le mâle et les femelles du parquet ne sont consanguines ni entre eux ni avec vos femelles.

1925 : Mâle Nº 1 et femelles Nº 2 = mâles et femelles Nº 4;
  Mâle Nº 1 et femelles Nº 3 = femelles Nº 5 ; coquelets vendus.

  Nº 4 et Nº 5 sont demi-frères et sœurs.

1926 . Mâle Nº 1 et femelles Nº 4 = Nº 7, 3/4 Nº 1 ; 1/4 Nº 2.
  Mâle Nº 4 et femelles Nº 2 = Nº 8 ; 3/4 Nº 2 ; 1/4 Nº 1 ;
  Mâle Nº 4 et femelles Nº 6 = Nº 5 = Nº 9 ; 1/2 Nº 1 ; 1/4 Nº 1/4 Nº 3 ;
  Nouveau mâle Nº 6 et femelles Nº 4 = Nº 10 : 1/2 Nº 1 ; 1/4 Nº 2 ; 1/4 Nº 1.

On peut étendre ces cas à l'infini. Retenons que les cas 1, 2, 3, 5 peuvent nous servir pour constituer les mâles et les femelles des parquets du cas Nº 4. Si nous prenons comme nous devons le faire du sang étranger dans les cas 1, 2, 3, 5, nos produits de concours de ponte cas Nº 4, année 1927 (qui deviendra alors année 1930) seront merveilleusement sélectionnés et très vigoureux vu le nombre de différentes origines qui ont servi à les constituer.

Nous ne voulons pas dire que vous ne pourrez concourir avec succès avant 1930, mais c'est dès cette année-là que vous tiendrez toutes vos chances.

Remarquez que les meilleures unités du 4e cas, année 1927, peuvent à leur tour être considérées comme des unités pouvant constituer un départ pour une branche de lignée. Les autres départs étant formés par d'autres sujets provenant d'autres lignées analogues à celles décrites dans le 4e cas.

C'est-à-dire que pour mener parfaitement la sélection d'une race tout en garantissant l'avenir, c'est-à-dire en repoussant toutes causes d'affaiblissement, de diminution de vigueur, c'est au moins 20 parquets qu'il vous faut pour la race travaillée. Encore une fois, ne faites qu'une seule race ! Plus que pour la ferme industrielle de pondeuses, votre intérêt vous le commande.

Retenez que pour arriver à un bon choix de reproducteurs, vous devrez posséder au moins 1.000 pondeuses de la race travaillée. Retenez aussi que vous devez élever en vigueur, c'est-à-dire en *extensif*, qu'il vous faut de vastes terrains fertiles et sains.

Les exemples ci-dessus vous ont montré qu'on élève parfois hors de poulettes par coquelets. Hors de poulettes par coqs serait mieux ; hors de poules par coquelets mieux encore, hors de poules par coqs, parfait. Rapprochez-vous de la perfection, ne soyez pas trop pressés. La reproduction de jeunes sujets affaiblit toujours. Ne la pratiquez que si vous devez d'après vos prévisions, faire travailler les géniteurs pendant plusieurs années. Nous vous avons montré l'exemple rapide : il demande plus de soins. Usez de ménagements à son sujet.

LES PROCEDES QUI VOUS SONT PARTICULIERS

Ne mettez pas vos œufs en incubation dans des appareils mammoths : ils épuisent les sujets et amènent de la dégénérescence. N'élevez pas en grandes bandes : elles ont le même résultat. Faites du travail parfait pour avoir des animaux parfaits. Usez de temps en temps de l'incubation et de l'élevage naturel pour régénérer vos reproducteurs. Préférez ensuite les couveuses artificielles à air chaud et à humidification puissante, de 100 à 150 œufs. Ce sont les meilleures. Laissez vos reproductrices de 2e année se reposer pendant 90 jours d'hiver, et *si vous désirez* mettre des œufs de poulettes en incubation ne les poussez pas l'hiver précédent. Pour vous la ponte forcée est un mal.

DES TERRAINS A AFFECTER A UN ELEVAGE
DE SELECTION

Comptez 15 m2 par poulette d'élevage, ou 10 m2 si les sujets changent de terrain chaque année, et ont par conséquent 20 m2. Comptez 40 m2 pour les coqs conservés et pour les reproducteurs 10 m2 pour les pondeuses en 2 parquets de moitié de superficie, soit 5 m2 par pondeuse et par an (1.000 pondeuses à l'hectare).

Ainsi si vous désirez établir une ferme de 1.000 pondeuses et de 300 reproductrices, comptez :

Reproducteurs 330 $\times$ 40 = 13.200 m2 ;
Pondeuses 1.000 $\times$ 10 = 10.000 m2 ;
Elevage 1.000 $\times$ 20 = 20.000 m2 ;
Coquelets et coqs conservés 100 $\times$ 40 = 4.000 m2.
Chemins, services, etc... 5.000.
Au total : 52.200 m2 ou 5 hectares 22 ares.

Comptez largement : prévoyez 6 hectares. Plus vous resterez dans une limite raisonnable, bien entendu en opposition avec la « ferme industrielle de pondeuses », plus vous avez de chances. C'est de l'air, de l'espace, de la liberté qu'il vous faut.

DEVIS D'INSTALLATION D'UNE FERME DE SELECTION
DE 1.000 PONDEUSES

Propriété de 6 hectares en prairies avec maison d'habitation valeur 100.000 francs, au loyer de 7.000 francs.

MATÉRIEL :

Clôtures de propriété	10.000 fr.
Clôtures intérieures	8.000 fr.
2 poulaillers de 500 pondeuses, nids-trappes	30.000 fr.
7 poussinières de 3 $\times$ 7	14.000 fr.
3 isolements 6 $\times$ 2,30 ou 3 $\times$ 4	500 fr.
1 fumier	1.000 fr.
Salles de service, bureaux (si la maison ne s'y prête pas)	10.000 fr.
Installation électrique	1.000 fr.
Petit matériel	5.000 fr.
10 couveuses de 150 œufs à 650 fr.	6.500 fr.

6 éleveuses à 400 fr. . . . . 2.400 fr.
20 poulaillers de reproducteurs à 600 fr. (23 $\times$ 2). . 12.000 fr.
5 poulaillers de reproducteurs à 1.200 fr. (2-3 $\times$ 4). . 6.000 fr.
25 poulaillers d'essai des coqs à 150 fr. . . . . 3.750 fr.
2 poulaillers à 2.000 fr. . . . . 4.000 fr.
Salaire d'un ouvrier charpentier. . . . . 8.000 fr.

       Total à amortir. . . . . 141.150 fr.
portés chaque année en dépenses à raison de 7 %
intérêt de l'argent engagé, 7 % des immobilisations
soit 14 % . . . . 19.761 fr.

FRAIS DE PEUPLEMENT

3.000 œufs à couver à 70 fr. la douzaine ou
   1.000 poussins à 15 fr. pièce environ. . . . . 15.000 fr.
Reproducteurs de choix : 20 à 150 fr. . . . . 8.000 fr.
            Total. . . . . 18.000 fr.
   Il convient d'amortir ces animaux, leur prix doit
   être porté chaque année en dépense pour
   180 $\times$ 14 =. . . . . 2.520 fr.
   A ces dépenses s'ajoutent chaque année :
Dépenses de nourritures. . . . . 60.000 fr.
Salaires : 1 secrétaire-comptable. . . . . 8.000 fr.
   —   2 ouvriers . . . . 12.000 fr.
Publicité . . . . 25.000 fr.
   Le total des dépenses annuelles est donc de :
   19.761 + 2.520 + 60.000 + 8.000 + 12.000
   + 25.000 = 127.281 francs.
   Recettes ordinaires pour les articles de consommation :
Vente de 1.000 coqs et coquelets. . . . . 10.000 fr.
   Ponte d'été :
1.300 pondeuses à 130 œufs à 0,35. . . . . 59.150 fr.
Ponte d'hiver 1.000 pondeuses à 45 œufs à 0,70. . . . 31.500 fr.
Vente de 1.000 poules à 20 fr. . . . . 20.000 fr.

       Total. . . . . 120.650 fr.
   D'où une perte de :
      127.281 — 120.650 = 6.631 francs.

   Le bénéfice d'une telle exploitation ne peut donc être formé que de la plus-value donnée par les œufs à couver, aux reproducteurs, vendus comme tels aux amateurs et aux professionnels, les poussins de un jour. Afin que ce bénéfice soit sensible il faut pouvoir vendre les poulettes en croissance, c'est-à-dire augmenter encore le terrain, les capitaux, la main-d'œuvre. Si nous comptons que les frais de publicité vont rapporter le double des sommes qui y sont affectées, le bénéfice pourra aller jusqu'à 5.000 francs au plus, mais il ne se montera pas fatalement à cette somme. Il faut compter sur des pertes sérieuses avant de gagner de l'argent. Tel établissement de sélection que nous ne pouvons pas nommer ici, a régulièrement un déficit *annuel* de 100.000 francs.

Il convient donc d'avoir beaucoup de prudence dans l'installation d'une ferme de sélection ? Dans tel cas privilégié, une ferme de sélection pourra rapporter par la vente forcée des œufs à couver, poussins, poulettes, etc., des sommes énormes, surtout si l'on peut user d'une publicité réduite, économiser la main-d'œuvre, etc...

Bref, nous resterons dans la prudence la plus élémentaire en vous demandant de réfléchir beaucoup avant de vous lancer dans cette voie, de venir nous voir pour nous en causer, d'étudier à fond cette question et de ne pas prendre les mirages pour des réalités.

Remarquez en passant que nous avons compté, les premiers, du matériel en supposant que celui-ci soit fabriqué à l'élevage par un ouvrier charpentier dont le salaire est compté comme addition au prix du matériel et doit par conséquent être amorti.

Si vous devez acheter la propriété (100.000 fr.) c'est une somme de : 100.000 + 141.150 + 18.000 + 60.000 + 8.000 + 12.000 + 25.000 + 50.000 francs de frais de roulement, soit : 364.150 fr. qu'il vous faut devant vous pour entreprendre un tel établissement. Remarquez que vous devez porter à votre crédit d'inventaire la valeur des sujets que vous possédez, ce qui augmente l'actif, mais en règle générale les sujets ne peuvent pas être comptés pour la somme qu'ils représentent au point de vue achat. Ils ne peuvent être comptés que pour la somme *rapidement* réalisable en cas de liquidation.

Remarquez également, à votre avantage encore, que chaque année le matériel est payé à raison de 1/15 par an, de sorte qu'au bout de 15 ans vous ne le comptez plus.

Vos bénéfices devront augmenter normalement d'année en année car, muni de nos conseils, vous ferez un travail de sélection comme personne n'en fait encore en France, alors que les rentes diminuent.

Donner des chiffres est impossible, vous le comprenez. Il n'en reste pas moins vrai que la réussite est soumise à un grand nombre de conditions, que cette exploitation n'a pas la clarté, la luminosité, la certitude du succès que possède la tenue d'une ferme de pondeuses ayant pour base de peuplement, l'achat de poussins de un jour.

Réfléchissez et choisissez.

Notre œuvre aura *bien rempli* son rôle si elle vous évite d'amers déboires et des peines sans nombre. Nous pensons que vous serez d'accord avec nous pour le reconnaître.

DOCUMENTATION NOUVELLE

Avant de mettre fin à cette leçon, nous ajouterons encore quelques mots.

La sélection Smart, les procédés de croisement dans la lignée et en dehors de la lignée dont nous avons fait toucher du doigt le mécanisme et qui nous viennent des plus grands aviculteurs du monde, de ceux qui sont à jamais célèbres, vous montrent le parti que l'on peut tirer de cette constatation que le contrôle de la ponte d'hiver est le plus important (Smart) et que le « sang » parle.

Mais ici nous ajouterons ce que nous avons déjà dit, à savoir que les pondeuses précoces (et par précocité vous savez que nous n'entendons pas la faculté de pondre moins ou avant, mais de pondre à 6 mois ou à 7 mois *quelle que soit la saison*). Les pondeuses précoces ne sont pas toujours les pondeuses persistantes. Elles le sont souvent, mais en affaire de sélection, c'est-à-dire de contrôle *mathématique*, on ne peut pas se contenter de probabilités sous peine de courir à des dangers terribles.

Allez donc plus lentement avec vos croisements, soumettez chaque poulette, pendant toute sa première année de ponte aux nids-trappes. Envisagez le poids des œufs, surtout de ceux pondus au début de la ponte ; envisagez la vigueur, la santé avant tout et ne relâchez pas vos soins de propreté.

Mieux, continuez votre contrôle dans la deuxième année, dans la troisième année de ponte, chez vos reproductrices. Cela n'est pas facultatif, cela est absolument nécessaire, car vous devez savoir quelles sont les reproductrices qui donnent dans leurs deux premières années le plus grand bénéfice, vous devez savoir quelles sont

les reproductrices qui donnent les meilleures éclosions, les poussins
les plus vigoureux, le moins de perte à l'élevage, éliminer celles
qui ne donnent pas satisfaction et retarder les branches de
lignée qui ne répondent pas à vos espérances. Tous vos œufs
doivent être mis le 19ᵉ jour dans des casiers généalogiques, vos
poussins bagués à la naissance d'une bague d'aluminium portant
un numéro, le toe-punch ne donnant que l'huméris et étant parfaitement insuffisant pour établir une généalogie de quelque valeur.

Tenez toutes ces comptabilités des incubations, de l'élevage,
dans vos fiches d'incubation d'élevage. Ne donnez les mêmes numé-
ros aux pondeuses de reproductrices qu'à plusieurs années de
distance. A chaque fiche indiquez et joignez le pedigree qui est
la généalogie au plus grand nombre de générations possibles.

Il faut que vous soyez organisés de façon qu'en prenant la
fiche de tel sujet pour l'étudier, vous trouviez instantanément sa
place dans l'arbre généalogique, c'est-à-dire son pedigree complet,
sa vigueur, celle de ses frères, sœurs, ascendants, la valeur incu-
batoire et d'élevage de sa famille, en un mot *sa valeur*. Travail
immense, qu'une personne experte pourra cependant mener à bien,
qui peut être votre rôle personnel, intéressant au possible et nécessaire si vous voulez vous créer un nom, c'est-à-dire des débouchés
sérieux et sûrs. La réussite est à ce prix.

Joignez à ces qualités de travail une honnêteté impeccable.
Vendez très cher, vous y êtes obligés. Mais ne vendez cher que des
sujets, des œufs qui le méritent. La faute la plus grande que vous
puissiez commettre est de fabriquer des pedigrees.

Songez que vous pouvez par une faute technique, par exemple,
par un apport irraisonné de sang étranger ou par une vente malhon-
nête d'un seul sujet (voyez Withe Queen) ruiner votre maison en un
seul jour.

Résistez au bourrage de crâne et aux méthodes simplistes.
On a par exemple établi des moyens de calculer approximativement
le nombre d'œufs qu'une poulette peut pondre dans sa première
année en comparant le poids de ses œufs en hiver puis au moment
de la forte ponte (mars-avril). On a même établi des barèmes per-
mettant de faire ce calcul automitiquement (Rhode Island Agricul-
tural Experiment Station) en vertu de ce principe vrai que le poids
des œufs est fonction de l'intensité de la ponte. Ce sont des travaux
d'amateurs, de chercheurs, mais sans portée pour le cas qui nous
occupe ici.

Rejetez de même purement et simplement la méthode de Hogan, qui ne donne que 65 à 70 pour cent d'exactitude : ce sont des chiffres *exacts* qu'il vous faut.

Rejetez encore la méthode de Patterson, qui, à l'aide d'un barème appelé Patterson Index, prétend chiffrer la ponte annuelle d'une poulette en multipliant l'une par l'autre les pontes de deux périodes de 30 jours consécutives et en divisant le produit par 3. Ainsi, une poule ayant pondu 60 œufs consécutivement, sans un jour de repos, devrait donner 300 œufs dans l'année. Cette méthode donnerait 87 % d'exactitude. Le nid-trappe lui, donne 100 pour 100 d'exactitude. Expérimentalement, la méthode de Patters est intéressante. Elle donne paraît-il 80 pour cent d'exactitude. Mais elle n'est pas sûre ni rigoureusement exacte.

Ne soyez donc pas hypnotisés par toutes les méthodes américaines. Aujourd'hui que l'aviculture a fait tant de progrès, il n'y a pas de méthodes américaines ni anglaises, ni françaises, ni japonaises ; il y a les méthodes du bon sens basées sur la connaissance des oiseaux, de leurs besoins, des données de la science physique, chimie, embryologie, anatomie, physiologie, hépsutique, mathématique, etc...

Et dernier conseil, déjà donné : ne comparez entre eux que des animaux ayant eu les mêmes soins, c'est-à-dire nés et élevés en même temps, de la même façon, tenus de la même façon. Cherchez à supprimer dans la fécondité des variations que des facteurs acquis différents peuvent provoquer.

Et encore une fois, ménagez vos reproductrices. Laissez-leur un repos de 90 jours environ en hiver afin que vos embryons et vos poussins soient vigoureux.

Notons en terminant qu'il faut de *nombreuses* générations pour *fixer* l'aptitude à la grande ponte, que la sélection sur une seule génération n'a qu'un effet faible et *éphémère*. Notons enfin que tous les sujets issus d'une bonne lignée ne sont pas d'égale valeur et que toujours il s'en trouve qui sont loin d'avoir la valeur espérée.

La sélection est faite d'études patientes, de procédés délicats, d'éliminations continuelles.